이렇게 만들었습니다

6, 7세 어린이에서부터 초등 학생 누구나 주산을 쉽고 재미있게 배울 수 있도록 수의 배열과 연계성, 계속성을 고려하여 만든 주산 전문 교재입니다.
이 책의 학습 방향을 알고 공부한다면 주산을 통한 암산 실력 향상과 더불어 어린이들의 수학 실력을 한 단계 올리게 될 것입니다.

원리 알기

꼭 알아야 하는 주산의 원리를 그림과 함께 설명하여 수의 개념을 이해하고 누구나 쉽게 주산을 배울 수 있도록 하였습니다.

기초 다지기

원리알기에서 기본 개념을 이해한 후, 직접 주판으로 다양한 문제를 풀어 봄으로써 주산에 대한 기초를 다질 수 있도록 하였습니다.

실력 기르기

주산 원리를 이해한 학생들이 충분한 연습을 통하여 실력이 향상될 수 있도록 하였으며, 앞 단계에서 배운 내용을 반복함으로써 학습 효과를 높이도록 구성하였습니다.

암산 학습

주산의 기초 원리와 다져진 주산 실력을 바탕으로 암산을 배워 빠르고 정확한 연산 능력을 기르도록 구성하였습니다.

차례

9 까지의 수 익히기

5~9 까지의 덧셈과 뺄셈

짝수와 보수

해답

A2- 첫걸음

9까지의 수 익히기

공부한 날 월 일

0~9 수 써보기

0부터 9까지 수를 읽고 예쁘게 써 보세요.

0					
1					
2					
3					
4					
5					
6					
7					
8					
9					

공부한 날 월 일

0~9 수 써보기

개수를 세어 보고 알맞은 수를 써 보세요.

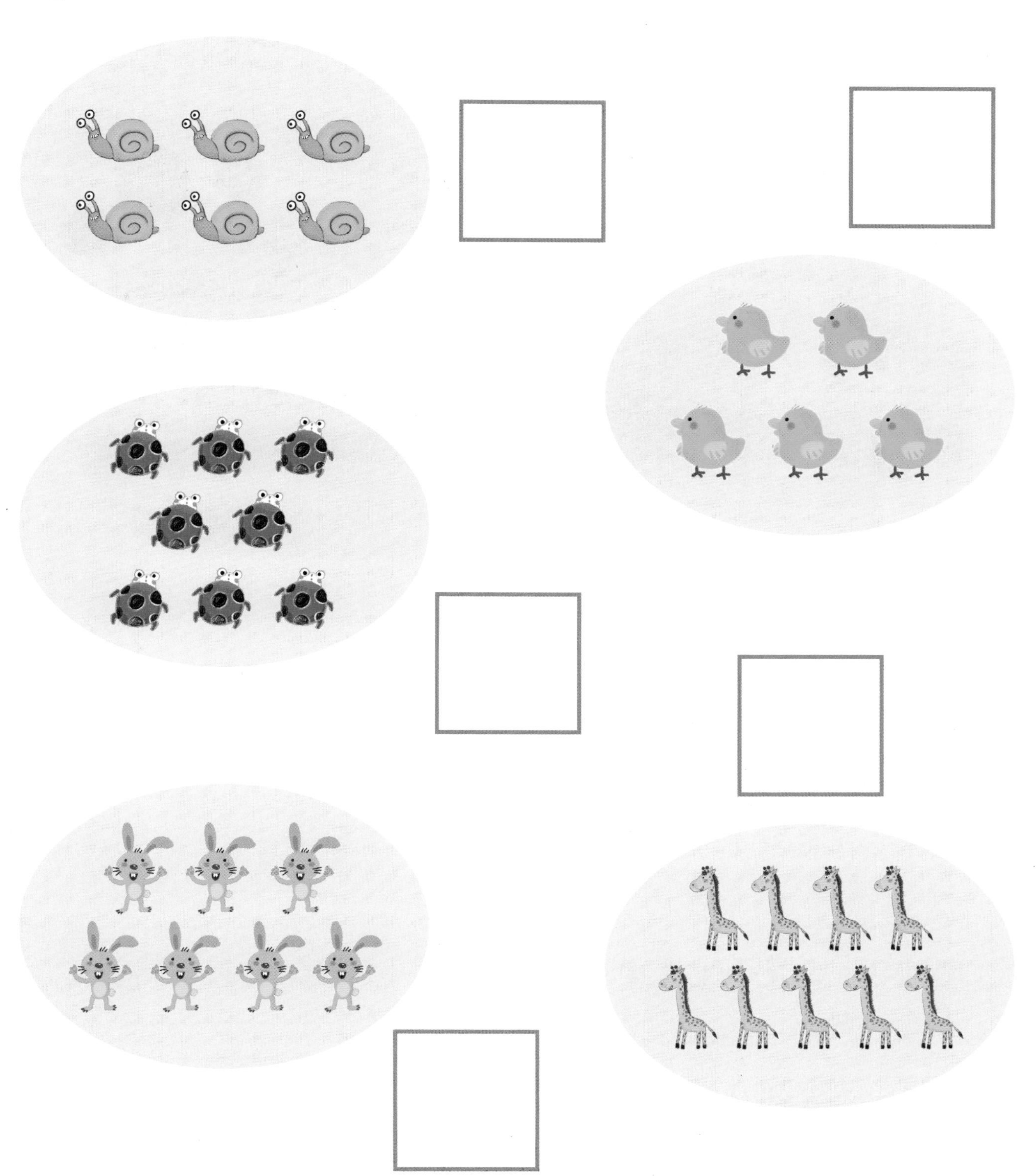

공부한 날　　월　　일

수의 순서 알기

 그림을 잘 보고 물음에 답하세요.

① 다람쥐는 왼쪽에서 몇 번째인가요? [ ]

② 하마는 오른쪽에서 몇 번째인가요? [ ]

③ 코끼리는 오른쪽에서 몇 번째인가요? [ ]

④ 사자는 왼쪽에서 몇 번째인가요? [ ]

공부한 날 월 일

수의 순서 알기

수의 순서를 잘 보고 빈 칸에 알맞은 수를 써 보세요.

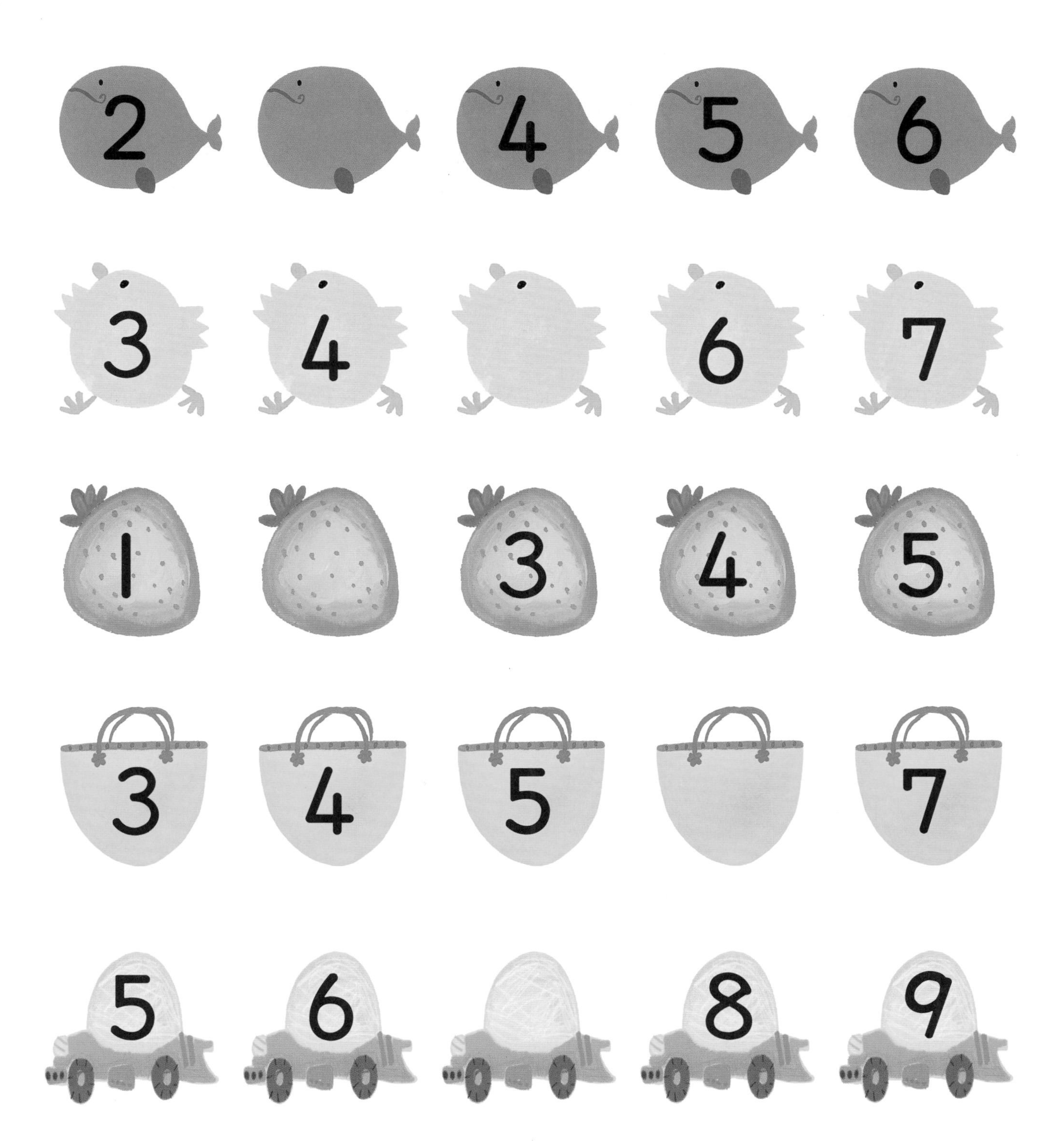

공부한 날 월 일

5의 묶음

펴 보인 손가락 하나하나는 주판의 아래알 하나와 같고, 주먹은 주판의 윗알과 같습니다.

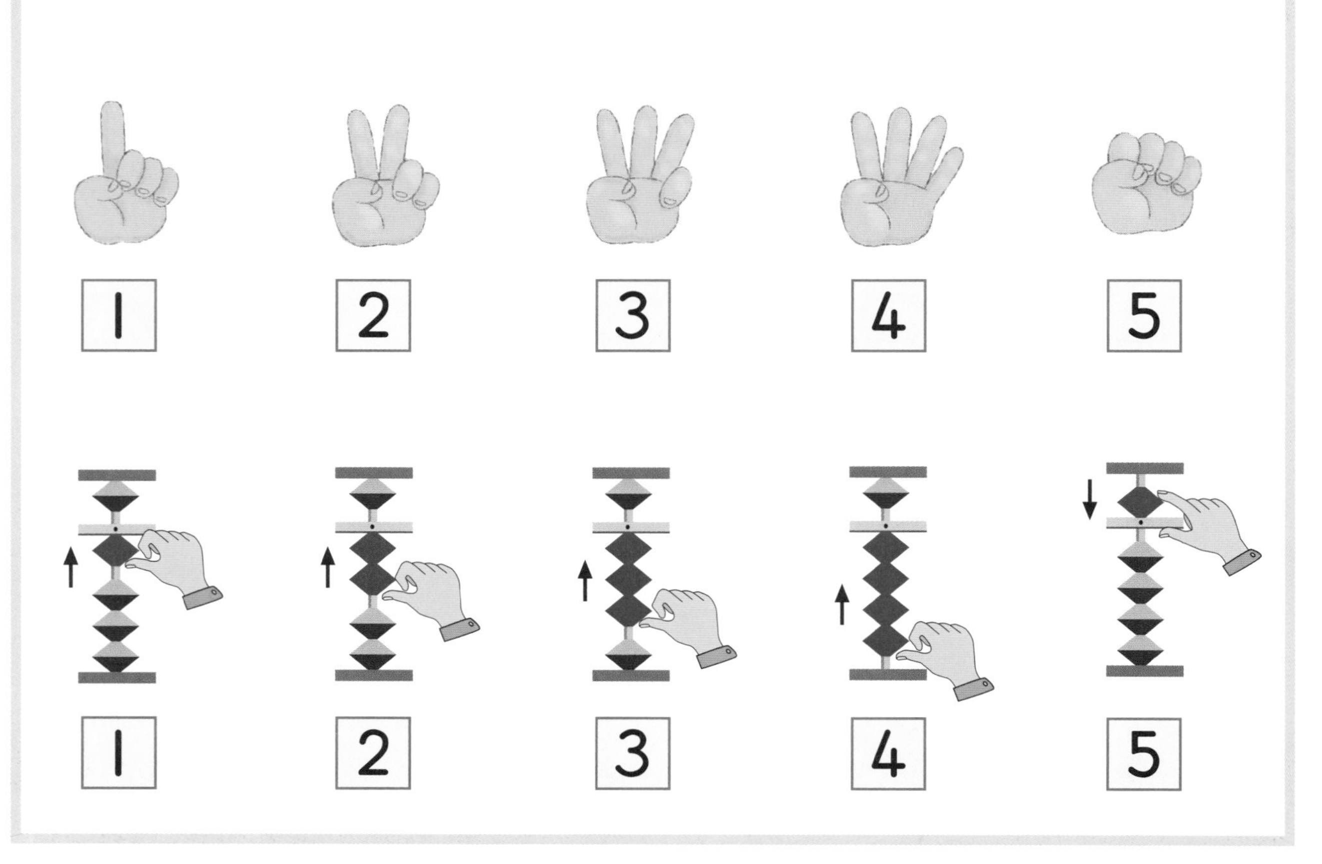

5의 묶음

아래 그림을 5개씩 묶어 보세요.

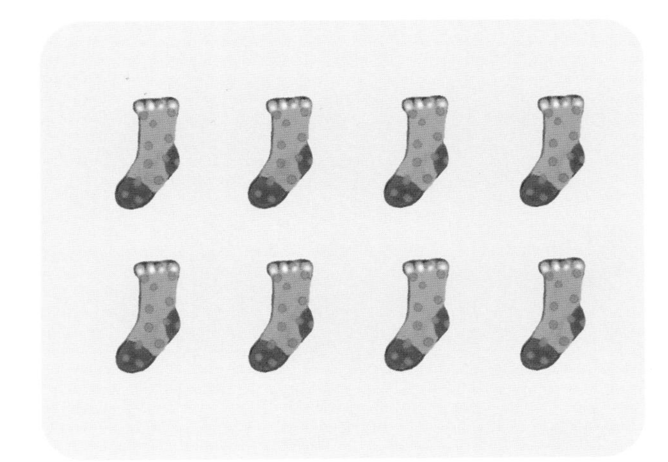

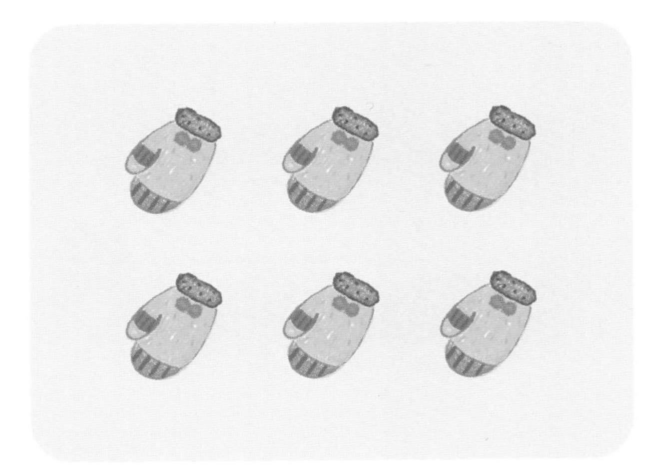

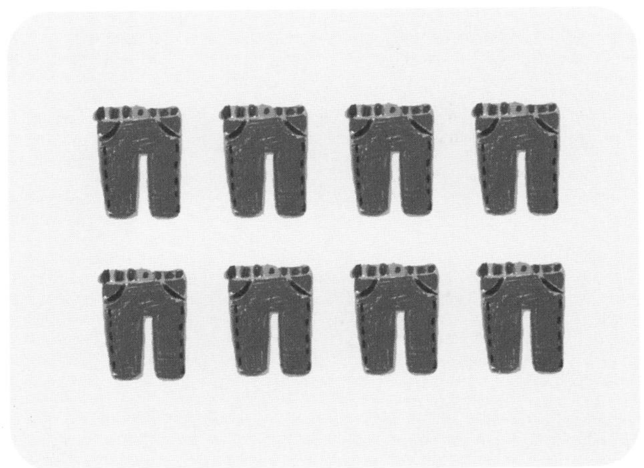

5~9 주판의 수 놓기

 그림을 잘 보고 주판에 수를 놓아 보세요.

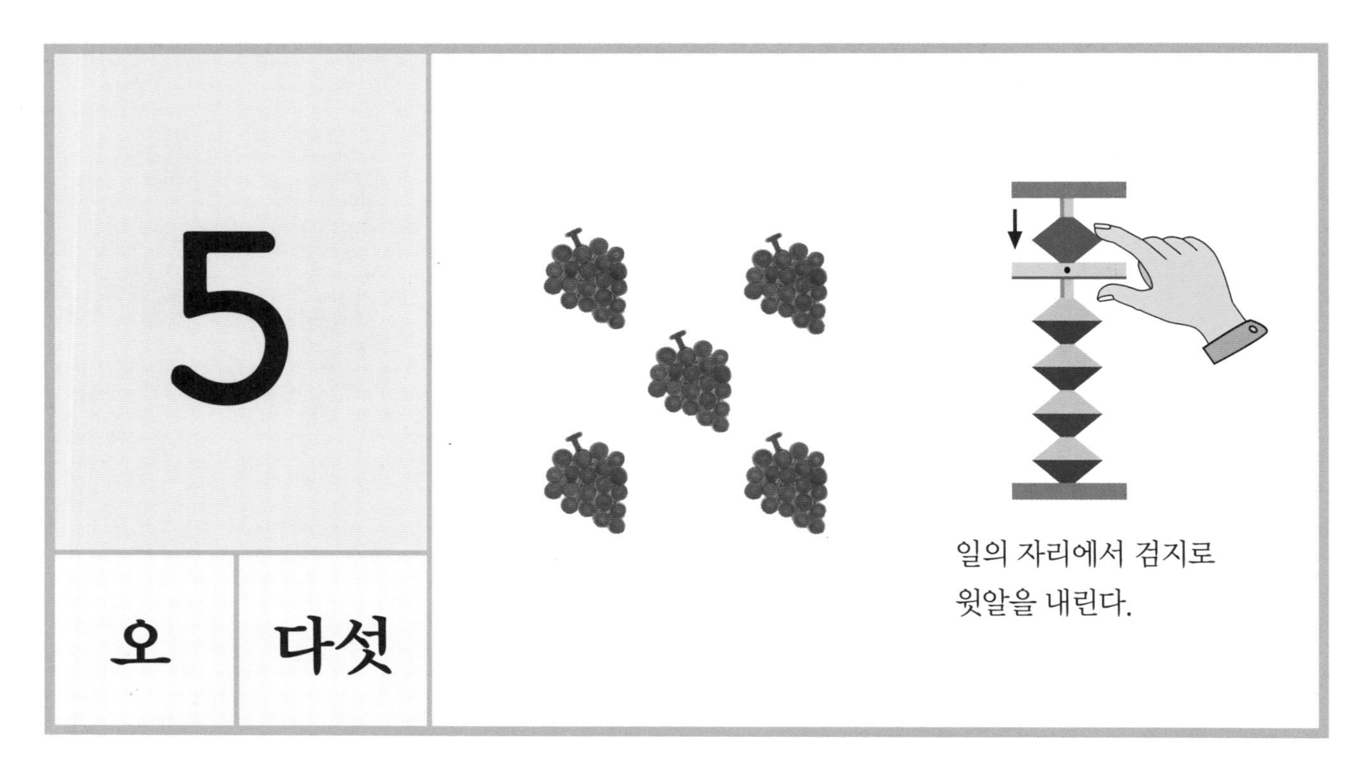

5

오 다섯

일의 자리에서 검지로 윗알을 내린다.

6

육 여섯

일의 자리에서 검지로 윗알을 내리는 동시에 엄지로 아래 한 알을 올린다.

공부한 날 월 일

5~9 주판의 수 놓기

7	
칠	일곱

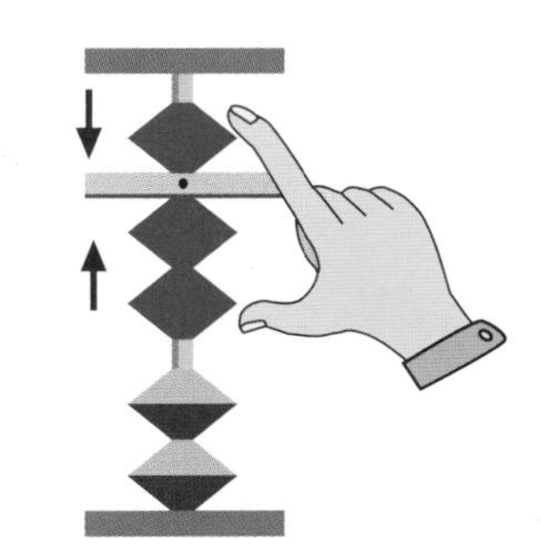

검지로 윗알을 내리는 동시에
엄지로 아래 두 알을 올린다.

8	
팔	여덟

검지로 윗알을 내리는 동시에
엄지로 아래 세 알을 올린다.

9	
구	아홉

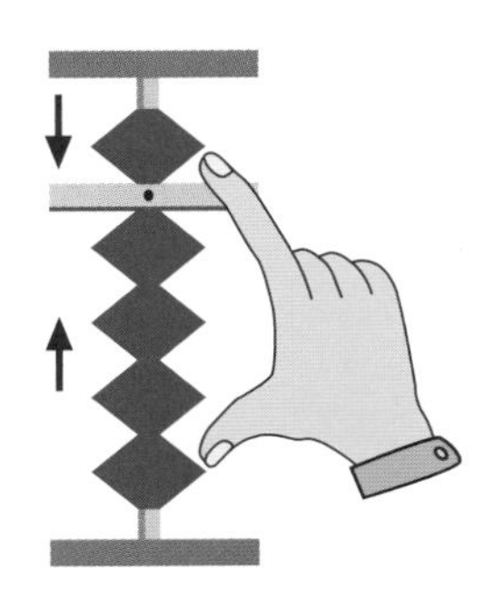

검지로 윗알을 내리는 동시에
엄지로 아래 네 알을 올린다.

공부한 날 월 일

5~9 주판의 수 놓기

 그림의 개수를 세어 보고 같은 수인 것끼리 선으로 이어 보세요.

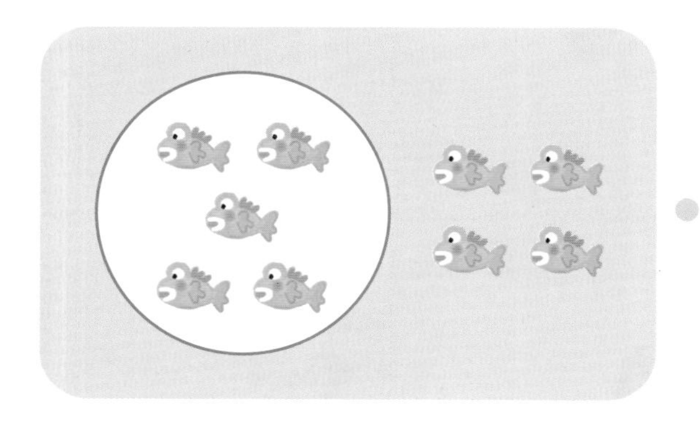

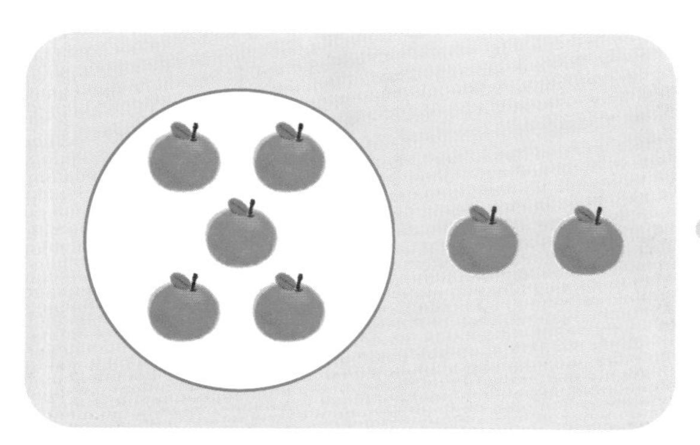

공부한 날　　　월　　　일

5~9 주판의 수 놓기

 아래 주판을 잘 보고 놓여진 수를 ○ 안에 써 보세요.

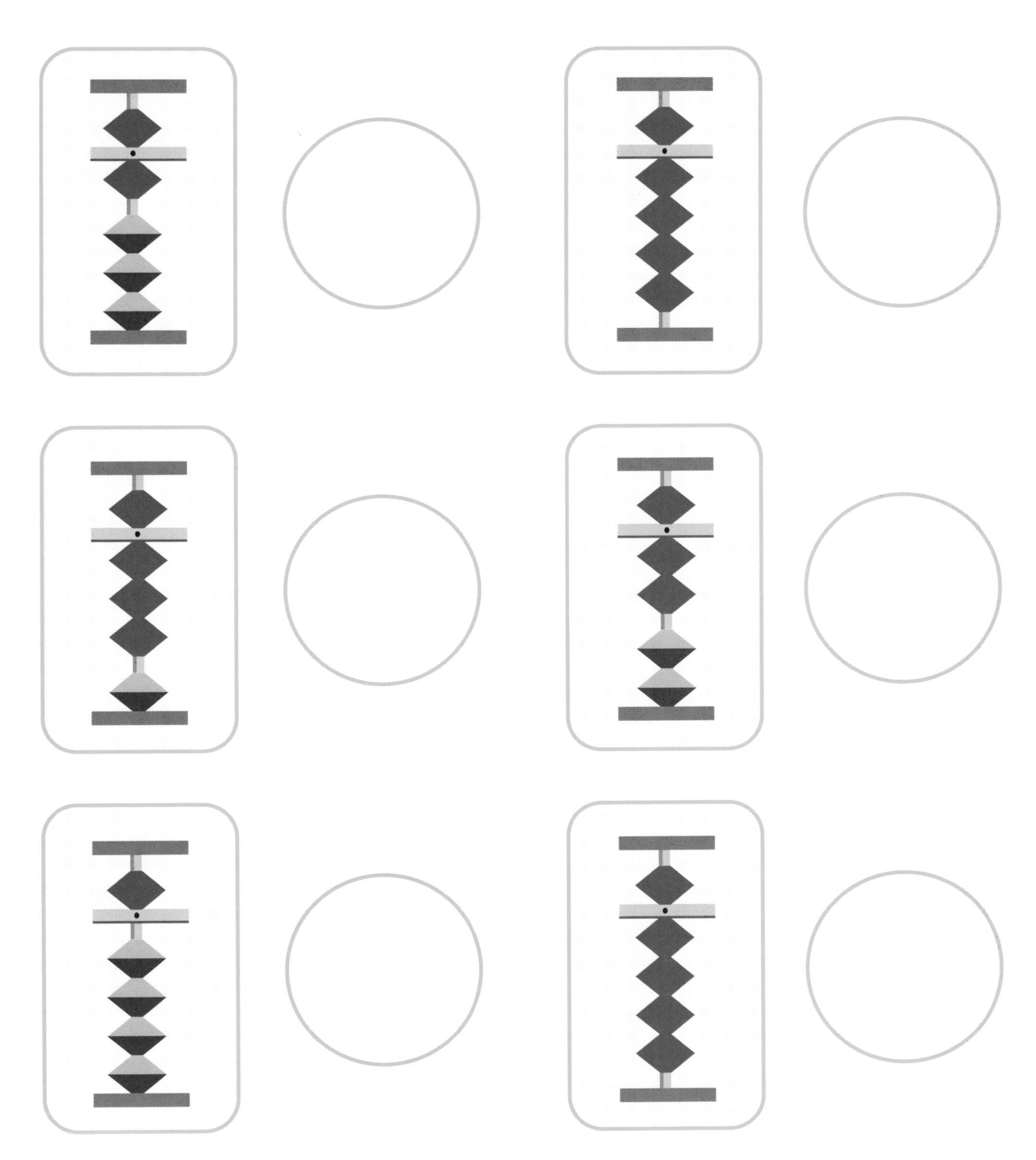

공부한 날 월 일

5~9 주판의 수 놓기

 주판에 놓인 수를 보고 ○ 안에 알맞은 <, = , > 를 써 보세요.

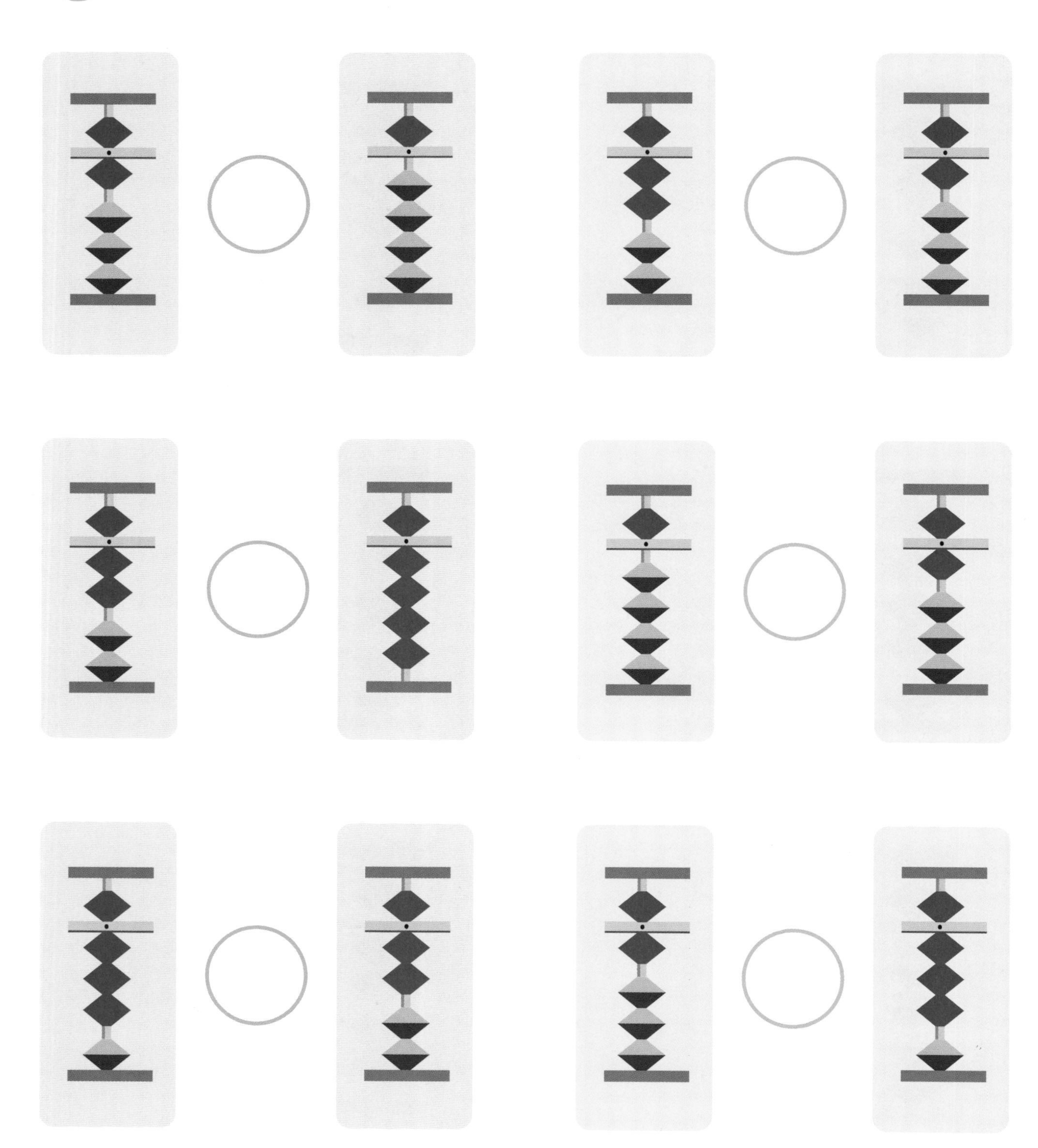

공부한 날　　월　　일

5~9 주판의 수 놓기

 같은 수끼리 선으로 이어 보세요.

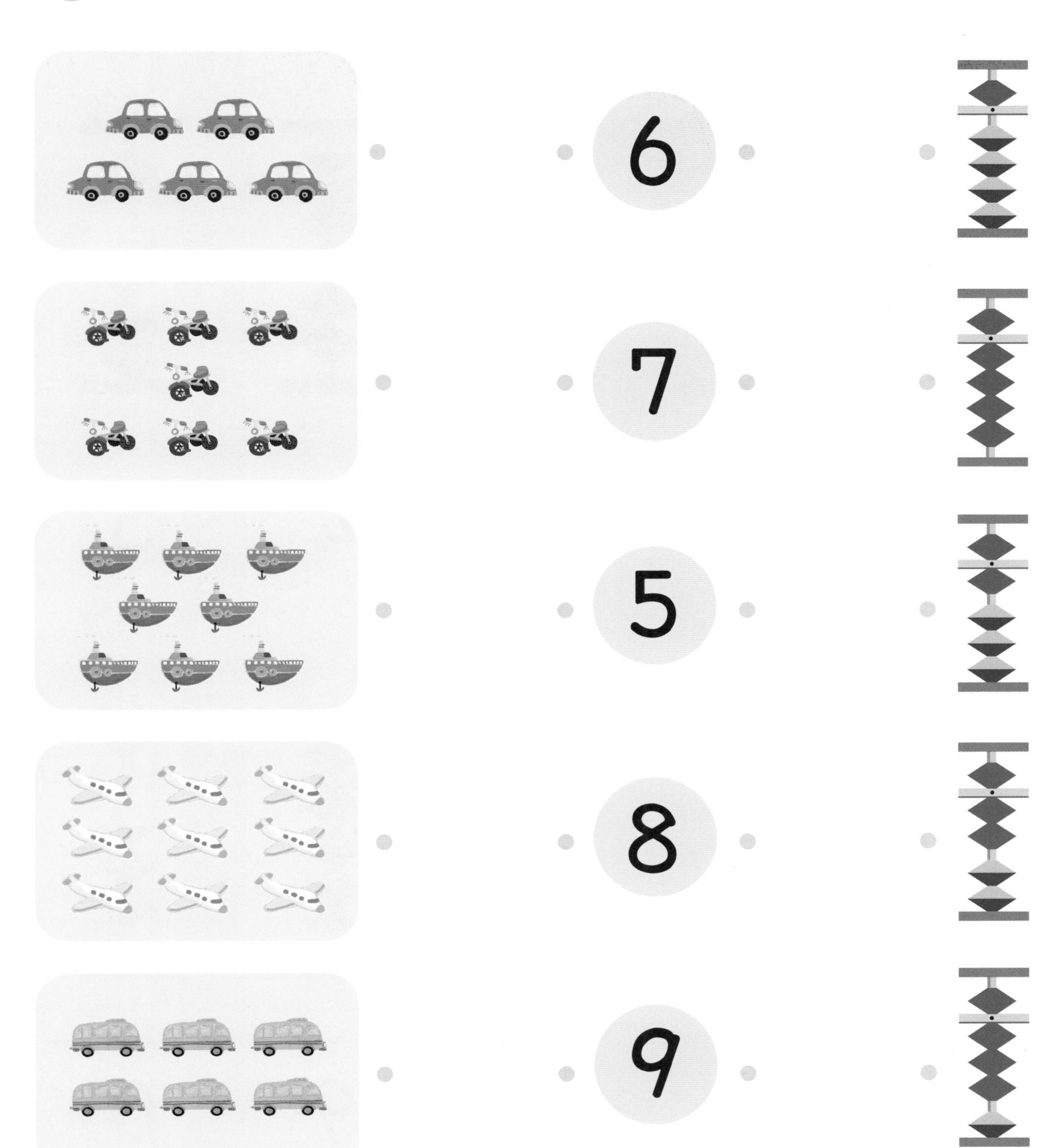

공부한 날 월 일

0~9 주판의 수 읽기

아래 주판에 놓여진 수를 읽어 보세요.

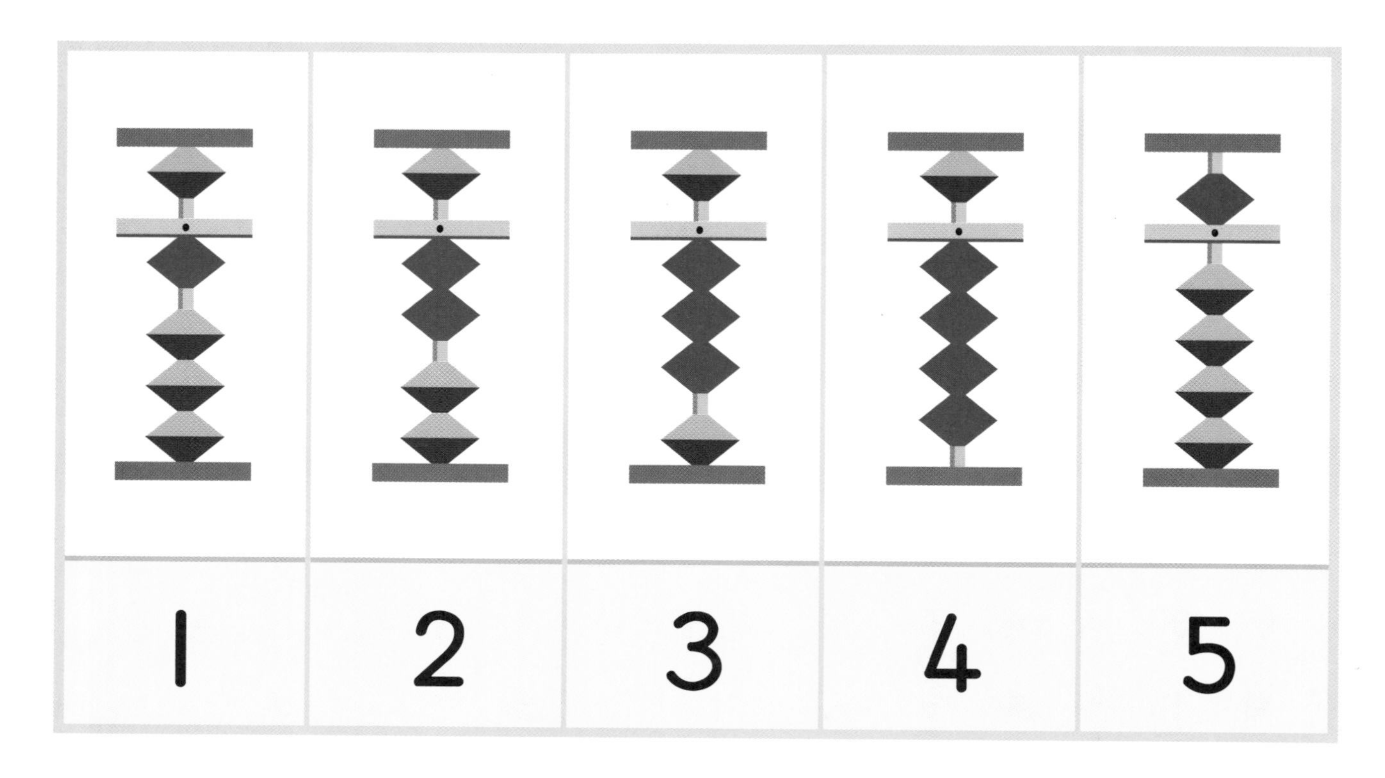

6	7	8	9	0

공부한 날 월 일

0~9 주판의 수 읽기

주어진 수만큼 주판알을 색칠해 보세요.

8

6

5

9

3

7

공부한 날 월 일

0~9 주판의 수 읽기

같은 수인 것끼리 선으로 이어 보세요.

넷

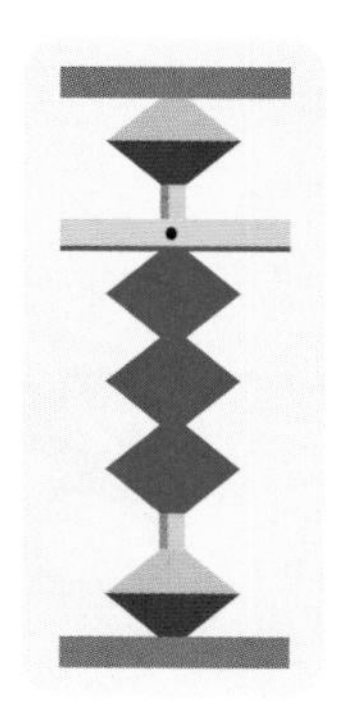

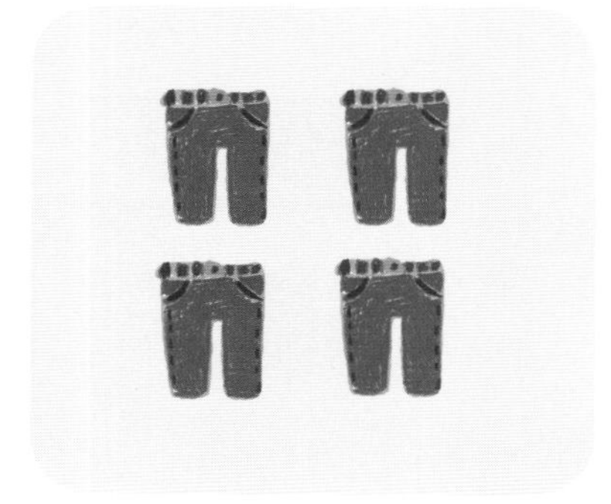

여섯

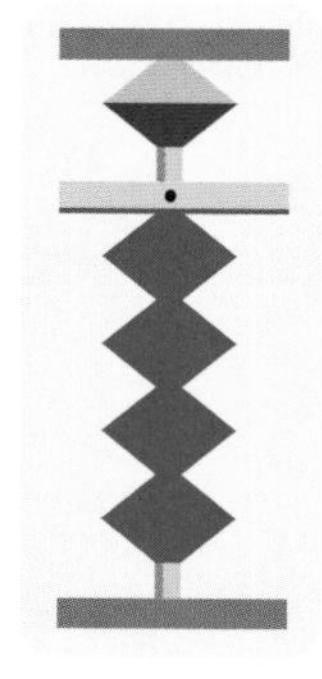

아홉

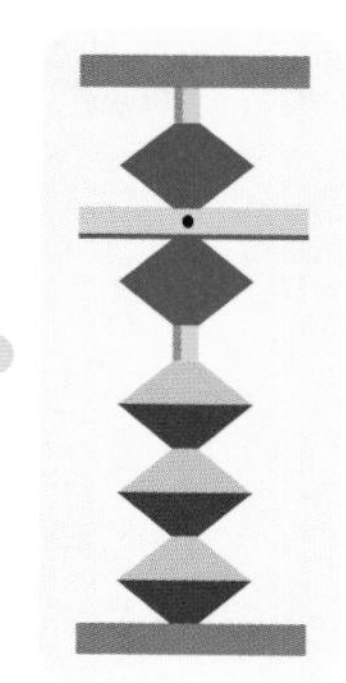

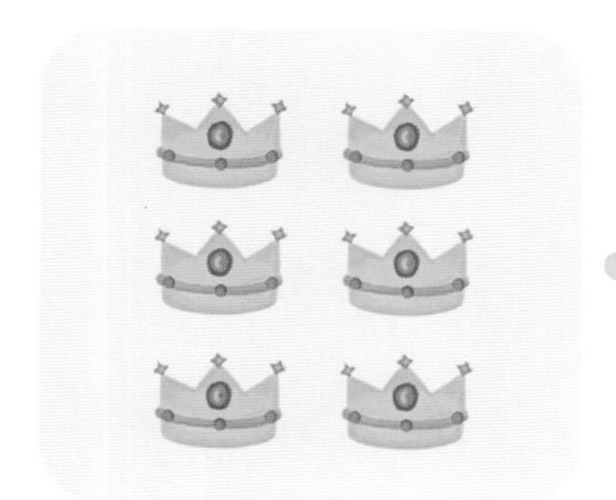

셋

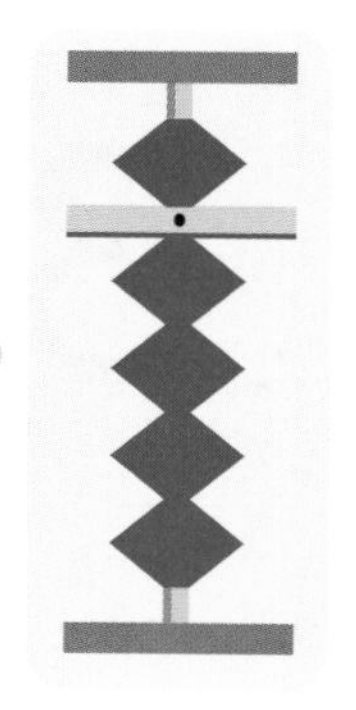

5의 덧셈과 뺄셈

6의 덧셈과 뺄셈

7의 덧셈과 뺄셈

8의 덧셈과 뺄셈

9의 덧셈과 뺄셈

공부한 날 월 일

5의 덧셈과 뺄셈

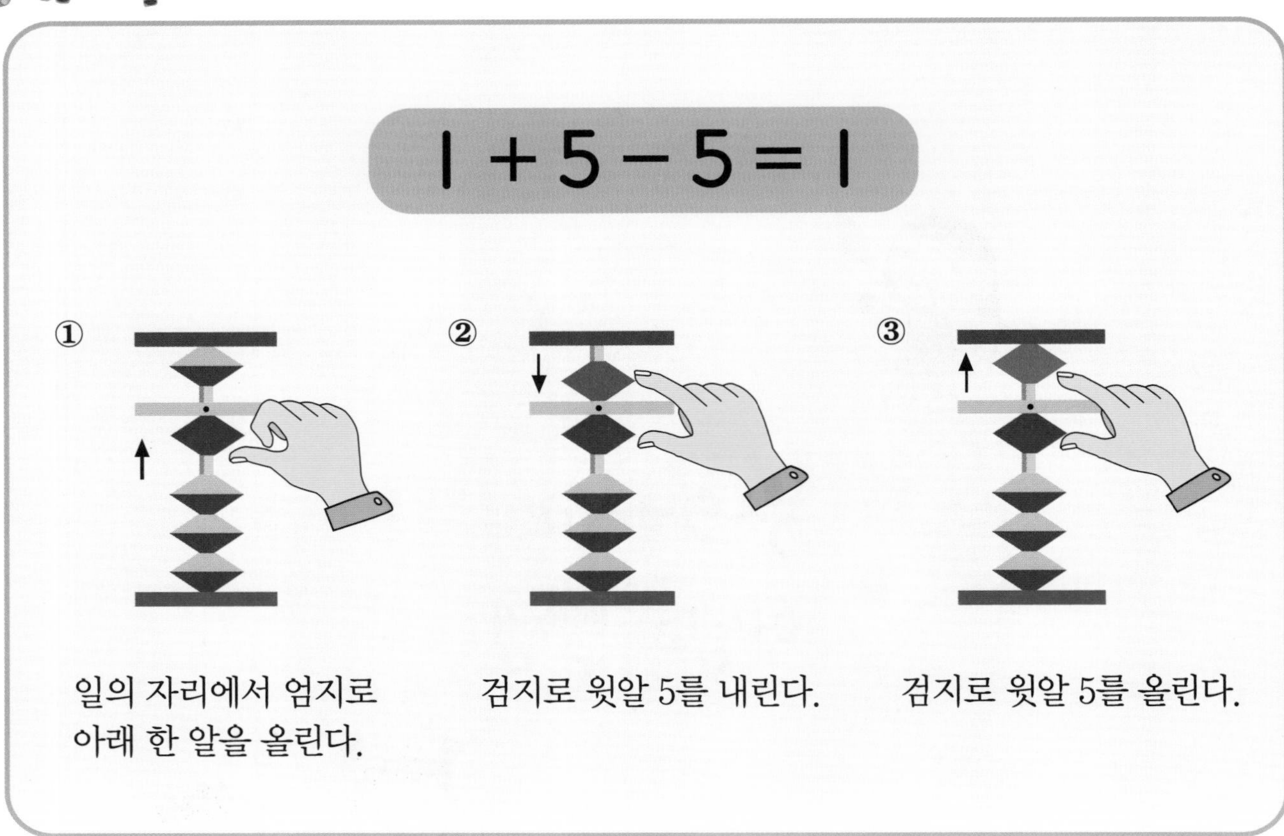

1	2	3	4	5
0 5	1 5	2 5	3 5	4 5

6	7	8	9	10
9 −5	8 −5	7 −5	6 −5	5 −5

공부한 날 월 일

주판으로 해 보세요.

1	2	3	4	5
1 5 3	2 5 2	3 5 1	2 1 5	3 1 5

6	7	8	9	10
1 2 5	1 3 5	1 5 2	2 5 1	3 5 0

11	12	13	14	15
1 8 −5	2 7 −5	3 6 −5	2 5 −5	6 3 −5

16	17	18	19	20
7 2 −5	8 1 −5	1 7 −5	2 6 −5	6 2 −5

평 가		확 인	

공부한 날	월	일

주판으로 해 보세요.

1	2	3	4	5
9	8	7	6	8
−5	−5	−5	−5	−5
5	5	5	5	1

6	7	8	9	10
7	6	5	7	6
−5	−5	−5	−5	−5
2	3	4	1	2

11	12	13	14	15
6	5	8	5	5
−5	−5	−5	1	1
1	3	0	−1	−5

16	17	18	19	20
1	2	3	1	2
5	5	5	1	1
3	2	1	5	5

평 가		확 인	

공부한 날  월 일

주판으로 해 보세요.

1	2	3	4	5
1	2	3	4	1
2	−2	−3	−4	1
−1	1	1	2	−2
5	5	5	5	5

6	7	8	9	10
2	3	4	4	4
1	−1	−2	5	−4
−2	1	2	−5	4
5	5	5	0	5

11	12	13	14	15
3	3	1	3	2
−2	1	2	−3	−1
2	−3	−2	3	0
5	5	5	5	5

평 가	

확 인	

공부한 날 월 일

주판으로 해 보세요.

1	2	3	4	5
1	2	1	4	4
−1	−2	3	−4	−4
2	2	−3	1	3
5	5	5	5	5

6	7	8	9	10
3	2	3	4	4
−2	−1	−1	−3	−1
1	1	2	2	1
5	5	5	5	5

11	12	13	14	15
1	5	5	1	3
5	−5	1	5	5
−5	4	−5	3	1
3	5	5	−5	−5

평 가		확 인	

공부한 날 월 일

암산으로 해 보세요.

1	2	3	4	5
7 1 −5	1 6 −5	2 5 −5	6 −5 1	7 −5 2

6	7	8	9	10
5 2 −5	6 1 −5	1 5 −5	8 −5 1	9 −5 0

11	12	13	14	15
0 5 4	2 5 2	1 1 5	2 2 5	1 5 1

16	17	18	19	20
6 2 −5	5 1 −5	5 4 −5	5 3 −5	5 0 −5

평 가		확 인	

공부한 날 월 일

6의 덧셈과 뺄셈

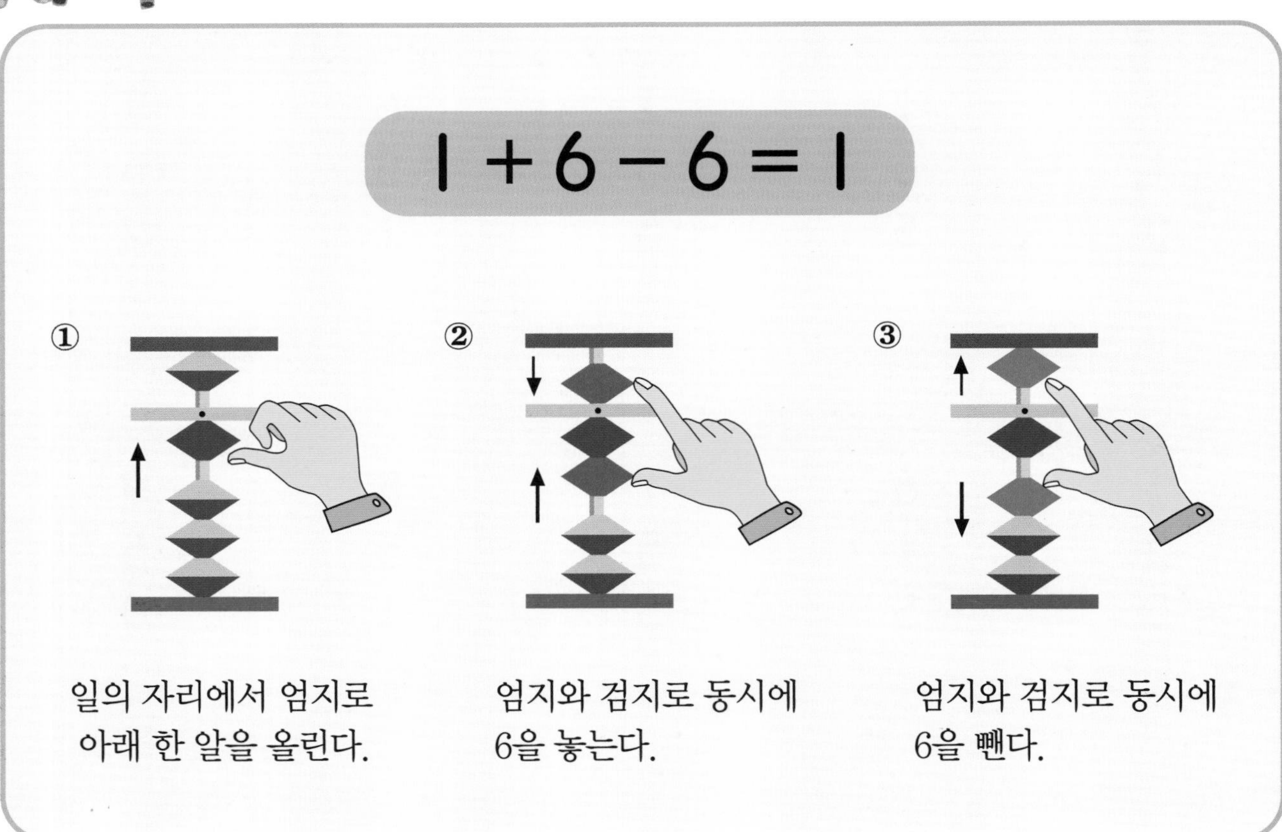

1	2	3	4	5
0	1	2	3	6
6	6	6	6	3

6	7	8	9	10
9	8	7	6	6
−6	−6	−6	−1	−6

공부한 날 월 일

주판으로 해 보세요.

1	2	3	4	5
1 6 2	2 6 1	1 6 1	1 1 6	2 1 6

6	7	8	9	10
7 0 −6	1 8 −6	2 7 −6	3 6 −6	4 5 −6

11	12	13	14	15
5 4 −6	6 3 −6	7 2 −6	8 1 −6	1 7 −6

16	17	18	19	20
2 6 −6	3 5 −6	7 1 −6	9 0 −6	5 3 −6

평 가		확 인	

공부한 날 월 일

기초 다지기

주판으로 해 보세요.

1	2	3	4	5
6 −6 0	6 −6 1	7 −6 1	6 −6 2	9 −6 0

6	7	8	9	10
8 −6 1	6 −6 3	8 −6 2	7 −6 3	6 −6 4

11	12	13	14	15
6 −6 6	7 −6 6	9 −6 6	5 1 −6	8 −6 6

16	17	18	19	20
3 5 −6	4 5 −6	1 5 −6	6 1 −6	5 2 −6

평 가		확 인	

공부한 날　　　월　　　일

주판으로 해 보세요.

1	2	3	4	5
1	1	8	3	5
8	7	0	5	1
−6	−6	−6	−6	0
6	6	6	6	−6

6	7	8	9	10
9	7	2	8	2
0	1	5	1	6
−6	−6	−6	−6	−6
6	6	6	6	6

11	12	13	14	15
1	6	5	2	1
5	2	4	7	5
−6	−6	−6	−6	0
6	6	6	6	−6

평 가		확 인	

공부한 날 월 일

주판으로 해 보세요.

1	2	3	4	5
3	4	9	6	7
6	5	−6	−6	2
−6	−6	0	5	−6
6	6	5	4	6

6	7	8	9	10
6	9	6	8	7
3	−6	−6	−6	−6
−6	5	3	2	3
6	1	5	5	5

11	12	13	14	15
7	6	5	4	5
1	1	1	5	4
1	1	3	0	0
−6	−6	−6	−6	−6

평 가		확 인	

암산으로 해 보세요.

1	2	3	4	5
6 2 −6	7 1 −6	1 6 −6	2 5 −6	4 5 −6

6	7	8	9	10
5 4 −6	5 2 −6	6 1 −6	1 5 −6	7 2 −6

11	12	13	14	15
5 3 −6	2 7 −6	5 1 −6	9 −6 6	8 −6 6

16	17	18	19	20
7 −6 6	7 −6 3	8 −6 2	9 −6 1	7 −6 2

평 가		확 인	

공부한 날 월 일

7의 덧셈과 뺄셈

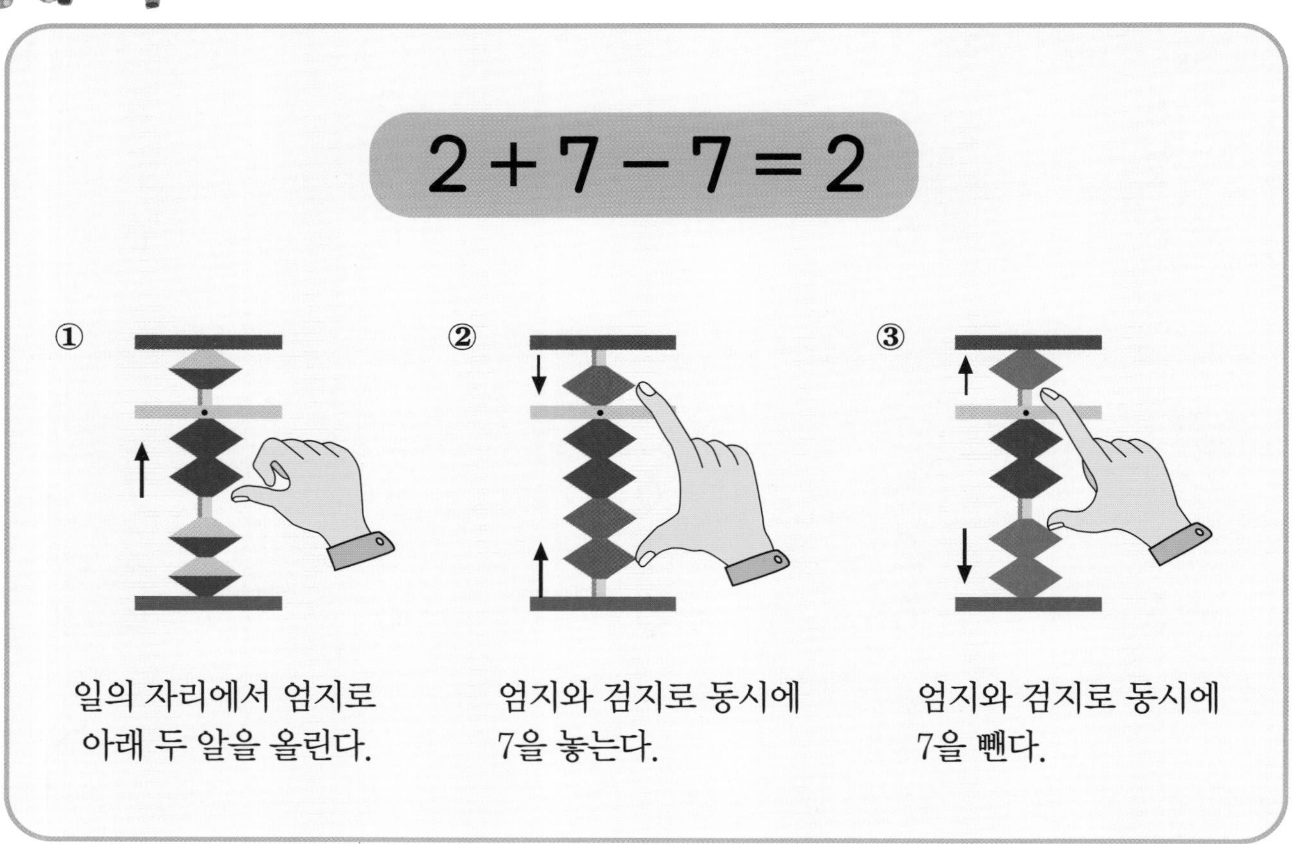

1	2	3	4	5
0 7	2 7	1 7	7 1	7 2

6	7	8	9	10
9 −7	8 −7	7 −7	7 −0	7 −5

공부한 날	월	일

주판으로 해 보세요.

1	2	3	4	5
0 7 2	1 7 1	2 7 0	0 7 1	1 7 0

6	7	8	9	10
0 1 7	1 1 7	0 2 7	7 1 1	7 2 0

11	12	13	14	15
0 9 −7	1 8 −7	2 7 −7	3 6 −7	4 5 −7

16	17	18	19	20
5 4 −7	6 3 −7	7 2 −7	8 1 −7	9 0 −7

평 가		확 인	

공부한 날	월	일

주판으로 해 보세요.

1	2	3	4	5
7	7	8	7	8
−7	−7	−7	−7	−7
4	3	3	2	2

6	7	8	9	10
9	7	8	9	7
−7	−7	−7	−7	−7
2	1	1	1	7

11	12	13	14	15
8	9	7	6	5
−7	−7	0	1	2
7	7	−7	−7	−7

16	17	18	19	20
6	5	2	1	6
3	4	5	6	2
−7	−7	−7	−7	−7

평 가		확 인	

공부한 날 월 일

주판으로 해 보세요.

1	2	3	4	5
1	9	7	7	7
8	−7	−7	−7	−7
−7	2	2	3	4
7	5	7	6	5

6	7	8	9	10
8	9	2	1	1
−7	−7	5	7	1
3	1	−7	−7	5
5	1	7	7	−7

11	12	13	14	15
1	9	3	3	2
6	−7	5	5	6
−7	0	−7	1	−7
7	7	7	−7	7

평 가		확 인	

공부한 날	월	일

주판으로 해 보세요.

1	2	3	4	5
3	8	2	6	1
6	−7	7	2	1
−7	2	−7	1	7
7	6	7	−7	−7

6	7	8	9	10
2	1	5	2	5
1	7	1	2	4
5	1	2	5	0
−7	−7	−7	−7	−7

11	12	13	14	15
7	5	5	3	2
1	2	1	1	5
1	0	1	5	2
−7	−7	−7	−7	−7

평 가		확 인	

암산으로 해 보세요.

1	2	3	4	5
0 8 −7	1 7 −7	2 6 −7	3 5 −7	4 5 −7

6	7	8	9	10
5 3 −7	6 2 −7	7 1 −7	8 0 −7	1 6 −7

11	12	13	14	15
2 5 −7	3 6 −7	5 3 −7	5 2 −7	6 1 −7

16	17	18	19	20
7 0 −7	9 −7 7	8 −7 7	8 −7 3	9 −7 1

평 가		확 인	

공부한 날	월	일

8의 덧셈과 뺄셈

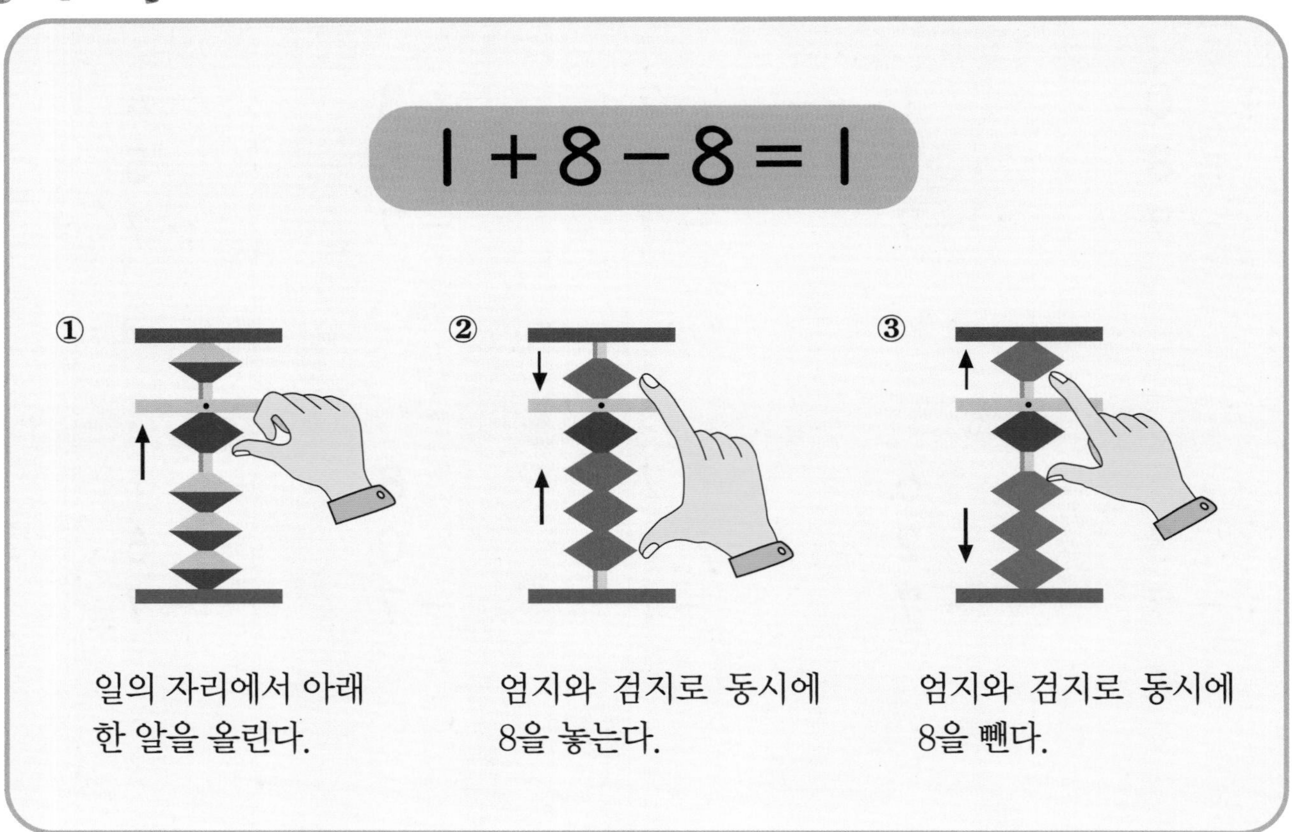

일의 자리에서 아래 한 알을 올린다.

엄지와 검지로 동시에 8을 놓는다.

엄지와 검지로 동시에 8을 뺀다.

1	2	3	4	5
0 8	1 8	8 0	8 1	7 2

6	7	8	9	10
9 −8	8 −8	8 −1	8 −0	8 −7

공부한 날　　월　　일

주판으로 해 보세요.

1	2	3	4	5
1	0	0	8	8
0	1	8	1	0
8	8	0	0	1

6	7	8	9	10
0	1	2	3	4
9	8	7	6	5
−8	−8	−8	−8	−8

11	12	13	14	15
5	6	7	8	9
4	3	2	1	0
−8	−8	−8	−8	−8

16	17	18	19	20
7	2	3	8	5
1	6	5	0	3
−8	−8	−8	−8	−8

평 가		확 인	

공부한 날	월	일

주판으로 해 보세요.

1	2	3	4	5
0 8 −8	8 1 −8	9 0 −8	1 8 −8	0 9 −8

6	7	8	9	10
8 −8 9	8 −8 7	9 −8 7	8 −8 6	9 −8 6

11	12	13	14	15
8 −8 5	8 −8 8	9 −8 8	8 0 −8	7 1 −8

16	17	18	19	20
6 2 −8	5 3 −8	4 5 −8	3 5 −8	2 6 −8

평 가		확 인	

공부한 날	월	일

주판으로 해 보세요.

1	2	3	4	5
7 1 0 -8	6 1 1 -8	5 1 2 -8	1 8 -8 8	1 8 0 -8

6	7	8	9	10
1 7 -8 8	9 0 -8 8	5 3 0 -8	5 3 1 -8	3 6 -8 8

11	12	13	14	15
8 1 -8 8	5 4 -8 8	6 2 0 -8	9 -8 0 8	7 2 -8 8

평 가		확 인	

공부한 날 월 일

주판으로 해 보세요.

1	2	3	4	5
1	4	5	3	2
5	5	0	5	5
3	−8	4	1	2
−8	8	−8	−8	−8

6	7	8	9	10
2	3	2	6	2
5	5	7	3	6
1	0	−8	−8	−8
−8	−8	8	8	8

11	12	13	14	15
3	0	2	1	6
5	5	2	3	0
−8	3	5	5	3
8	−8	−8	−8	−8

평 가		확 인	

공부한 날 월 일

암산으로 해 보세요.

1	2	3	4	5
3	7	8	9	8
5	1	0	−8	−8
−8	−8	−8	8	9

6	7	8	9	10
9	8	9	8	9
−8	−8	−8	−8	−8
1	1	2	2	3

11	12	13	14	15
8	8	1	2	3
−8	−8	8	7	6
3	4	−8	−8	−8

16	17	18	19	20
4	5	6	7	8
5	4	3	2	1
−8	−8	−8	−8	−8

평 가		확 인	

공부한 날 월 일

9의 덧셈과 뺄셈

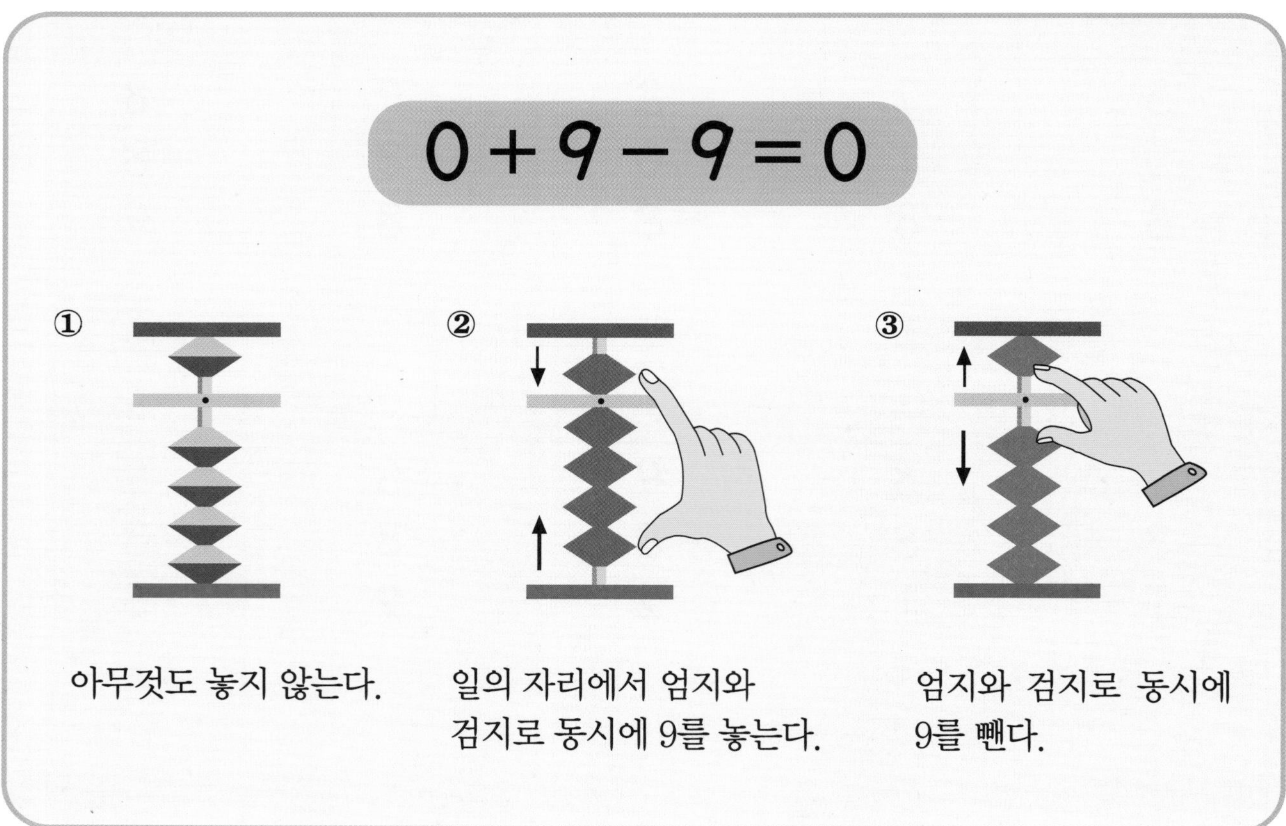

1	2	3	4	5
0 9	9 0	9 −9	9 −8	9 −7

6	7	8	9	10
9 −5	9 −4	9 −3	9 −2	9 −1

공부한 날 월 일

주판으로 해 보세요.

1	2	3	4	5
0 0 9	0 9 0	9 0 0	0 9 −9	1 8 −9

6	7	8	9	10
2 7 −9	3 6 −9	4 5 −9	5 4 −9	6 3 −9

11	12	13	14	15
7 2 −9	8 1 −9	9 0 −9	9 −9 5	9 −9 9

16	17	18	19	20
9 −9 0	9 −9 2	9 −9 8	9 −9 7	9 −9 6

평 가		확 인	

주판으로 해 보세요.

1	2	3	4	5
9	9	9	9	9
−5	−6	−7	−8	−9
5	5	6	7	4

6	7	8	9	10
9	9	9	9	8
−8	−9	0	−9	1
2	0	−9	5	−9

11	12	13	14	15
7	6	5	4	3
2	3	4	5	6
−9	−9	−9	−9	−9

16	17	18	19	20
2	1	9	9	9
7	8	−7	−8	−4
−9	−9	1	2	3

평 가		확 인	

공부한 날	월	일

주판으로 해 보세요.

1	2	3	4	5
1	9	3	8	5
1	−9	1	1	4
7	0	5	−9	−9
−9	7	−9	9	9

6	7	8	9	10
9	1	1	2	3
−9	8	2	7	6
8	−9	6	−9	−9
1	9	−9	3	6

11	12	13	14	15
4	2	6	2	0
5	7	3	5	9
−9	−9	−9	2	−9
8	4	1	−9	5

평 가		확 인	

공부한 날 월 일

주판으로 해 보세요.

1	2	3	4	5
2	9	1	1	4
2	−9	3	8	5
5	3	5	−9	−9
−9	6	−9	6	9

6	7	8	9	10
9	8	3	7	6
−9	1	5	2	3
5	−9	1	−9	−9
2	5	−9	1	0

11	12	13	14	15
5	6	3	0	2
4	3	6	5	7
−9	−9	−9	4	−9
8	9	2	−9	9

평 가		확 인	

공부한 날 월 일

암산으로 해 보세요.

1	2	3	4	5
0 9 −9	1 8 −9	3 6 −9	2 7 −9	4 5 −9

6	7	8	9	10
5 4 −9	6 3 −9	8 1 −9	7 2 −9	9 0 −9

11	12	13	14	15
9 −9 1	9 −9 9	9 −9 2	9 −9 8	9 −9 3

16	17	18	19	20
9 −9 5	9 −9 4	9 −9 7	9 −9 6	9 0 −9

평 가		확 인	

공부한 날 월 일

주판으로 해 보세요.

1	2	3	4	5
2	8	6	9	9
−1	−3	2	−8	−9
5	2	−7	−1	9
−5	−6	−1	8	−7

6	7	8	9	10
6	7	6	9	8
−5	−6	−1	−8	1
3	8	4	8	−9
−2	−5	−7	−3	−0

11	12	13	14	15
4	9	3	7	9
−3	−6	−2	−1	−4
5	5	6	3	4
−5	−1	−7	−8	−9

평 가		확 인	

공부한 날  월 일

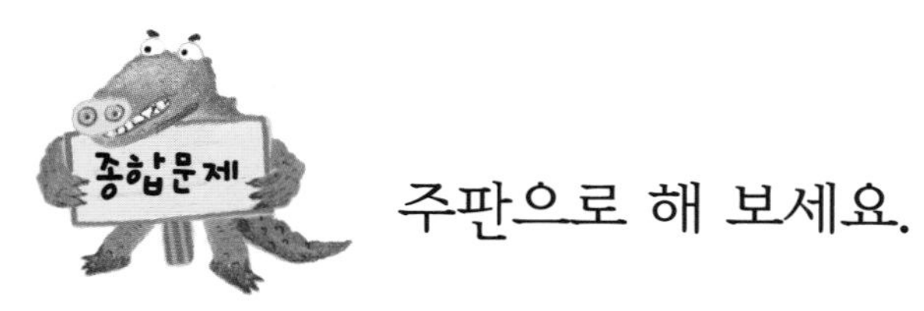

주판으로 해 보세요.

1	2	3	4	5
3	6	9	7	9
−2	−6	−7	2	−9
5	9	2	−8	8
−5	−1	−0	−1	−2

6	7	8	9	10
4	5	8	6	4
−4	4	−5	−1	−2
7	−6	6	4	7
−5	−2	−7	−8	−9

11	12	13	14	15
7	4	7	8	6
−5	−3	−2	−3	−1
2	8	4	4	4
−4	−6	−7	−8	−9

평 가		확 인	

 아래의 두 그림을 잘 보고, 서로 다른 곳 일곱 군데를 찾아 ○표 하세요.

짝수와 보수

5에 대한 짝수

10에 대한 보수

공부한 날 월 일

5에 대한 짝수

1과 4의 합은 5입니다. 이 때 1이 5가 되려면 4가 더 필요합니다. 이처럼 5가 되기 위하여 더 필요한 수를 5에 대한 보수, 짝수라고 합니다.

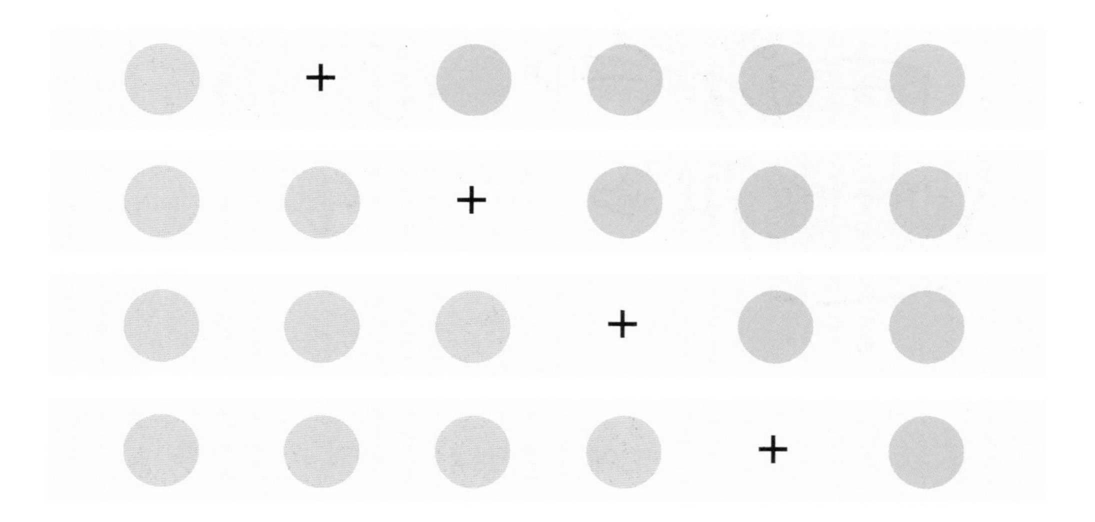

1 + 4 = 5	이므로	1	의 짝수는	4	입니다.
2 + 3 = 5	이므로	2	의 짝수는	3	입니다.
3 + 2 = 5	이므로	3	의 짝수는	2	입니다.
4 + 1 = 5	이므로	4	의 짝수는	1	입니다.

공부한 날 월 일

5에 대한 짝수

더해서 5가 되도록 짝지어 보세요.

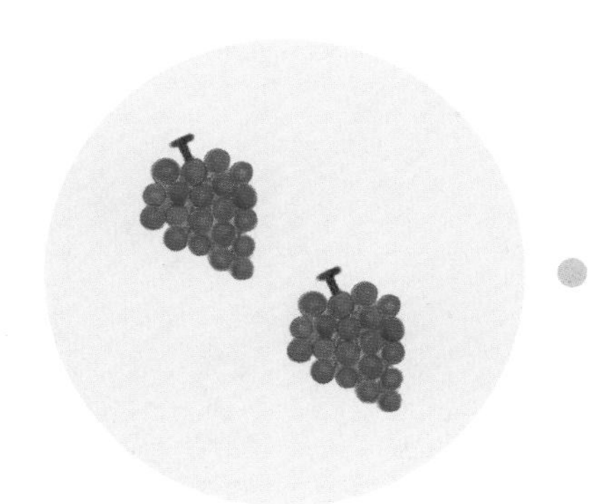

공부한 날 월 일

5에 대한 짝수

빈 칸에 알맞은 수를 쓰세요.

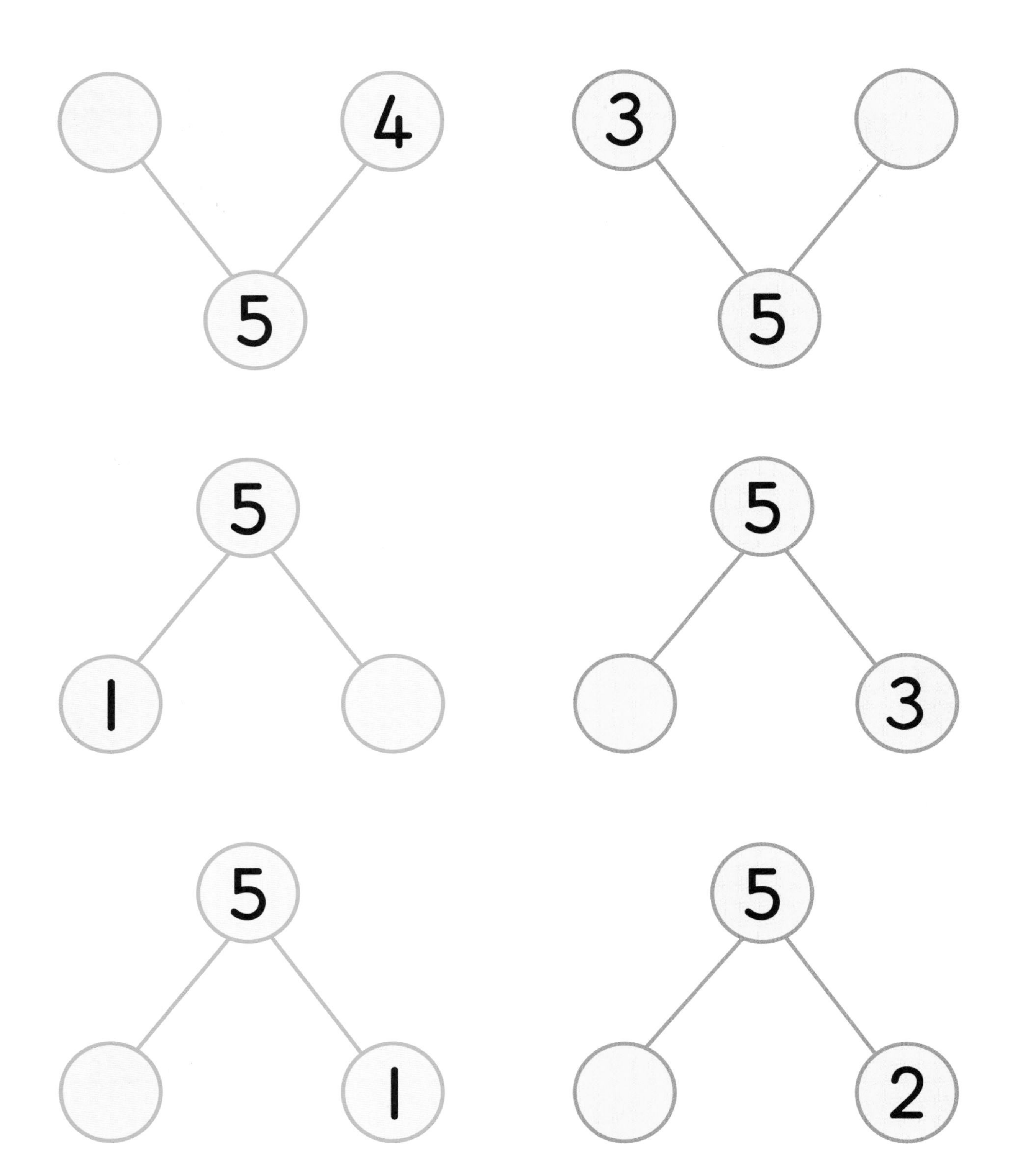

공부한 날 월 일

5에 대한 짝수

다음 □ 안에 알맞은 수를 넣으세요.

1	1 + □ = 5	5 − □ = 4
2	2 + □ = 5	5 − □ = 3
3	3 + □ = 5	5 − □ = 2
4	4 + □ = 5	5 − □ = 1
5	□ + 4 = 5	5 − 4 = □
6	□ + 3 = 5	5 − 3 = □
7	□ + 2 = 5	5 − 2 = □
8	□ + 1 = 5	5 − 1 = □

공부한 날 월 일

10에 대한 보수

두 개의 수가 합하여 10이 되는 수, 즉 어떤 수가 10이 되기 위하여 더 필요한 수를 10에 대한 보수라고 합니다.

+ =

◆ + ◆ ◆ ◆ ◆ ◆ ◆ ◆ ◆ ◆

◆ ◆ + ◆ ◆ ◆ ◆ ◆ ◆ ◆ ◆

◆ ◆ ◆ + ◆ ◆ ◆ ◆ ◆ ◆ ◆

◆ ◆ ◆ ◆ + ◆ ◆ ◆ ◆ ◆ ◆

◆ ◆ ◆ ◆ ◆ + ◆ ◆ ◆ ◆ ◆

$1+9=10$ 이므로 1 의 보수는 9 이고, 9 의 보수는 1 입니다.

$2+8=10$ 이므로 2 의 보수는 8 이고, 8 의 보수는 2 입니다.

$3+7=10$ 이므로 3 의 보수는 7 이고, 7 의 보수는 3 입니다.

$4+6=10$ 이므로 4 의 보수는 6 이고, 6 의 보수는 4 입니다.

$5+5=10$ 이므로 5 의 보수는 5 입니다.

10에 대한 보수

더해서 10이 되도록 짝지어 보세요.

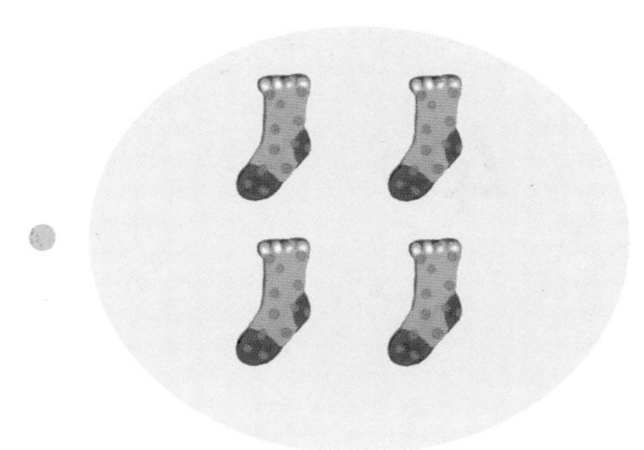

10에 대한 보수

빈 칸에 알맞은 수를 쓰세요.

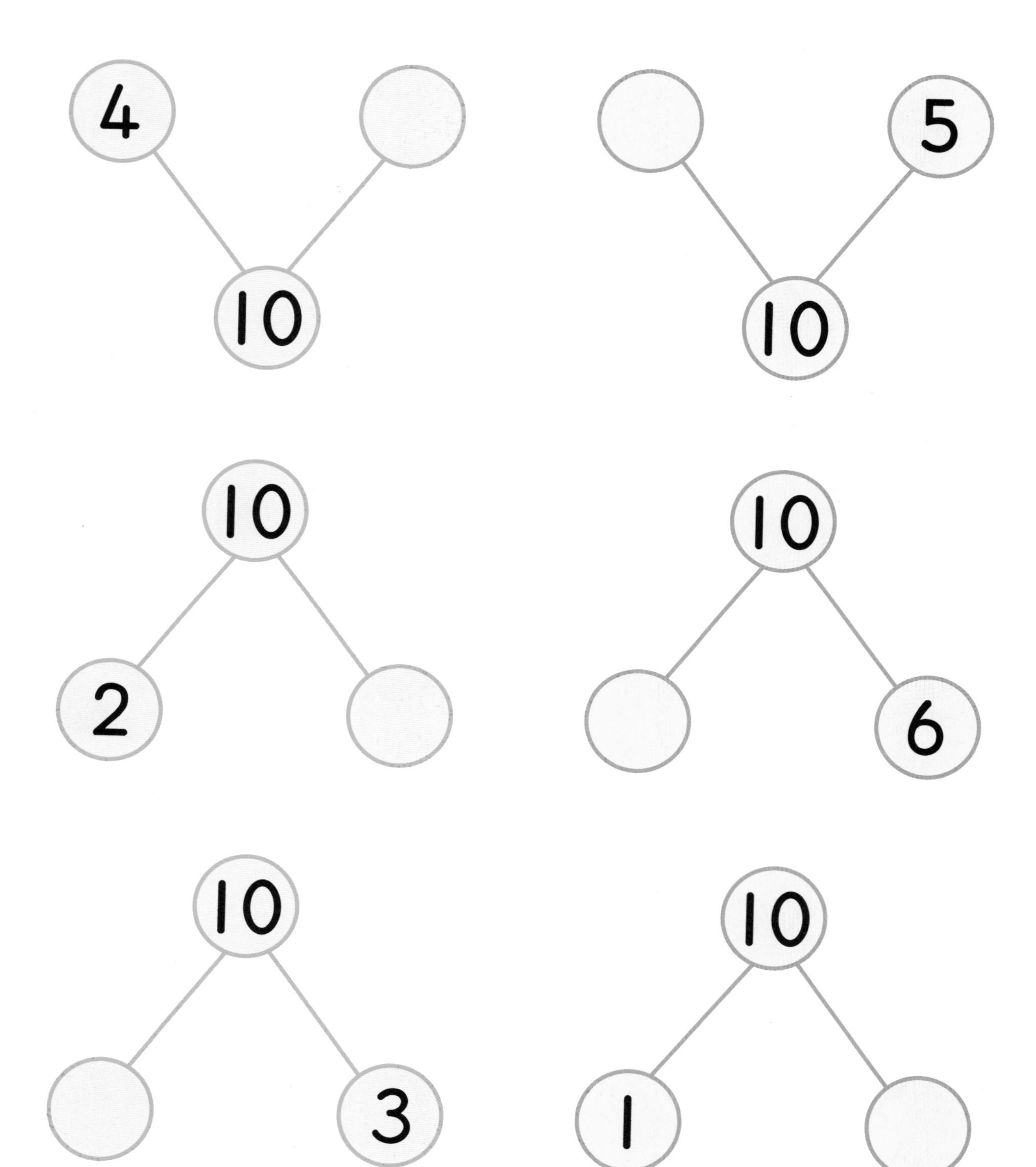

공부한 날 월 일

10에 대한 보수

다음 □ 안에 알맞은 수를 넣으세요.

1	1 + □ = 10	10 − □ = 9
2	2 + □ = 10	10 − □ = 8
3	3 + □ = 10	10 − □ = 7
4	4 + □ = 10	10 − □ = 6
5	5 + □ = 10	10 − □ = 5
6	6 + □ = 10	10 − □ = 4
7	7 + □ = 10	10 − □ = 3
8	8 + □ = 10	10 − □ = 2

A2 해답

4 쪽

0	0	0	0	0	0
1	1	1	1	1	1
2	2	2	2	2	2
3	3	3	3	3	3
4	4	4	4	4	4
5	5	5	5	5	5
6	6	6	6	6	6
7	7	7	7	7	7
8	8	8	8	8	8
9	9	9	9	9	9

5 쪽

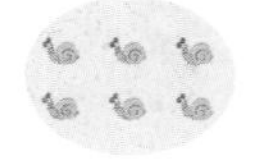

6 5

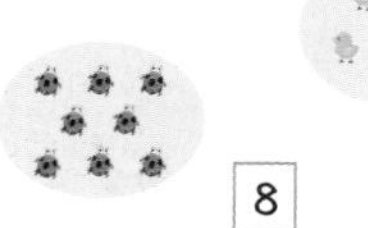

8 9

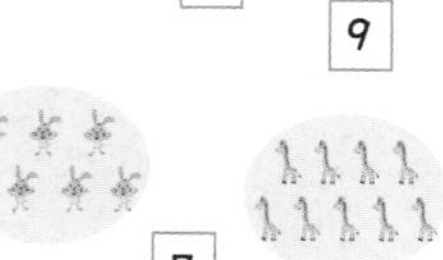

7

6 쪽

① 첫 번째 ② 두 번째
③ 세 번째 ④ 다섯 번째

7 쪽

3 5 2 3 6 7

9 쪽

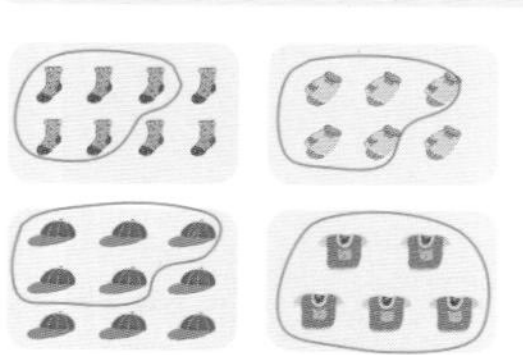

12 쪽

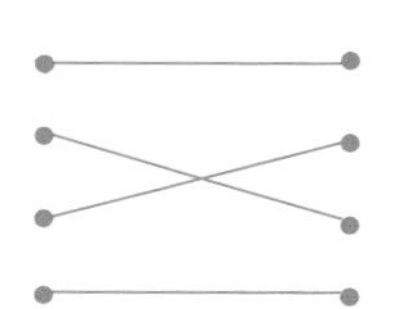

13 쪽

6 9
8 7
5 9

14 쪽

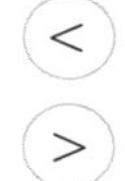
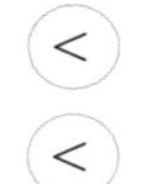

> >
< <
> <

15 쪽

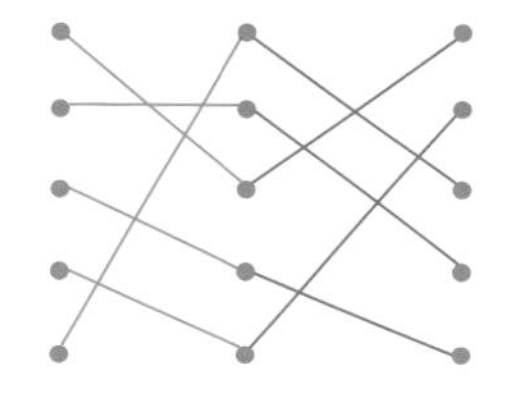

17 쪽

18 쪽

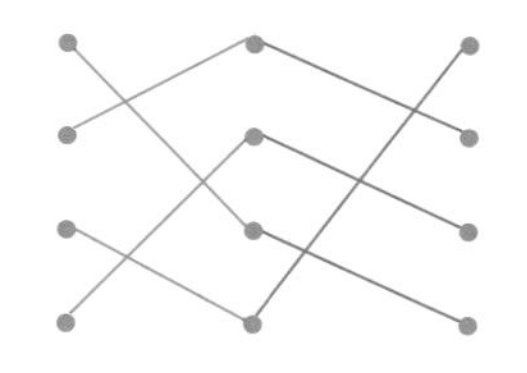

20 쪽

❶	❷	❸	❹	❺	❻	❼	❽	❾	❿
5	6	7	8	9	4	3	2	1	0

21 쪽

❶	❷	❸	❹	❺	❻	❼	❽	❾	❿
9	9	9	8	9	8	9	8	8	8
⓫	⓬	⓭	⓮	⓯	⓰	⓱	⓲	⓳	⓴
4	4	4	2	4	4	4	3	3	3

22 쪽

❶	❷	❸	❹	❺	❻	❼	❽	❾	❿
9	8	7	6	4	4	4	4	3	3
⓫	⓬	⓭	⓮	⓯	⓰	⓱	⓲	⓳	⓴
2	3	3	5	1	9	9	9	7	8

23 쪽

❶	❷	❸	❹	❺	❻	❼	❽	❾	❿
7	6	6	7	5	6	8	9	4	9
⓫	⓬	⓭	⓮	⓯					
8	6	6	8	6					

24 쪽

❶	❷	❸	❹	❺	❻	❼	❽	❾	❿
7	7	6	6	8	7	7	9	8	9
⓫	⓬	⓭	⓮	⓯					
4	9	6	4	4					

25 쪽

❶	❷	❸	❹	❺	❻	❼	❽	❾	❿
3	2	2	2	4	2	2	1	4	4
⓫	⓬	⓭	⓮	⓯	⓰	⓱	⓲	⓳	⓴
9	9	7	9	7	3	1	4	3	0

26 쪽

❶	❷	❸	❹	❺	❻	❼	❽	❾	❿
6	7	8	9	9	3	2	1	5	0

27 쪽

❶	❷	❸	❹	❺	❻	❼	❽	❾	❿
9	9	8	8	9	1	3	3	3	3
⓫	⓬	⓭	⓮	⓯	⓰	⓱	⓲	⓳	⓴
3	3	3	3	2	2	2	2	3	2

28 쪽

❶	❷	❸	❹	❺	❻	❼	❽	❾	❿
0	1	2	2	3	3	3	4	4	4
⓫	⓬	⓭	⓮	⓯	⓰	⓱	⓲	⓳	⓴
6	7	9	0	8	2	3	0	1	1

29 쪽

1	2	3	4	5	6	7	8	9	10
9	8	8	8	0	9	8	7	9	8
11	12	13	14	15					
6	8	9	9	0					

30 쪽

1	2	3	4	5	6	7	8	9	10
9	9	8	9	9	9	9	8	9	9
11	12	13	14	15					
3	2	3	3	3					

31 쪽

1	2	3	4	5	6	7	8	9	10
2	2	1	1	3	3	1	1	0	3
11	12	13	14	15	16	17	18	19	20
2	3	0	9	8	7	4	4	4	3

32 쪽

1	2	3	4	5	6	7	8	9	10
7	9	8	8	9	2	1	0	7	2

33 쪽

1	2	3	4	5	6	7	8	9	10
9	9	9	8	8	8	9	9	9	9
11	12	13	14	15	16	17	18	19	20
2	2	2	2	2	2	2	2	2	2

34 쪽

1	2	3	4	5	6	7	8	9	10
4	3	4	2	3	4	1	2	3	7
11	12	13	14	15	16	17	18	19	20
8	9	0	0	0	2	2	0	0	1

35 쪽

1	2	3	4	5	6	7	8	9	10
9	9	9	9	9	9	4	7	8	0
11	12	13	14	15					
7	9	8	2	8					

36 쪽

1	2	3	4	5	6	7	8	9	10
9	9	9	2	2	1	2	1	2	2
11	12	13	14	15					
2	0	0	2	2					

37 쪽

1	2	3	4	5	6	7	8	9	10
1	1	1	1	2	1	1	1	1	0
11	12	13	14	15	16	17	18	19	20
0	2	1	0	0	0	9	8	4	3

38 쪽

1	2	3	4	5	6	7	8	9	10
8	9	8	9	9	1	0	7	8	1

39 쪽

1	2	3	4	5	6	7	8	9	10
9	9	8	9	9	1	1	1	1	1
11	12	13	14	15	16	17	18	19	20
1	1	1	1	1	0	0	0	0	0

40 쪽

1	2	3	4	5	6	7	8	9	10
0	1	1	1	1	9	7	8	6	7
11	12	13	14	15	16	17	18	19	20
5	8	9	0	0	0	0	1	0	0

41 쪽

1	2	3	4	5	6	7	8	9	10
0	0	0	9	1	8	9	0	1	9
11	12	13	14	15					
9	9	0	9	9					

42 쪽

1	2	3	4	5	6	7	8	9	10
1	9	1	1	1	0	0	9	9	8
11	12	13	14	15					
8	0	1	1	1					

43 쪽

1	2	3	4	5	6	7	8	9	10
0	0	0	9	9	2	1	3	2	4
11	12	13	14	15	16	17	18	19	20
3	4	1	1	1	1	1	1	1	1

44 쪽

1	2	3	4	5	6	7	8	9	10
9	9	0	1	2	4	5	6	7	8

45 쪽

1	2	3	4	5	6	7	8	9	10
9	9	9	0	0	0	0	0	0	0
11	12	13	14	15	16	17	18	19	20
0	0	0	5	9	0	2	8	7	6

46 쪽

1	2	3	4	5	6	7	8	9	10
9	8	8	8	4	3	0	0	5	0
11	12	13	14	15	16	17	18	19	20
0	0	0	0	0	0	0	3	3	8

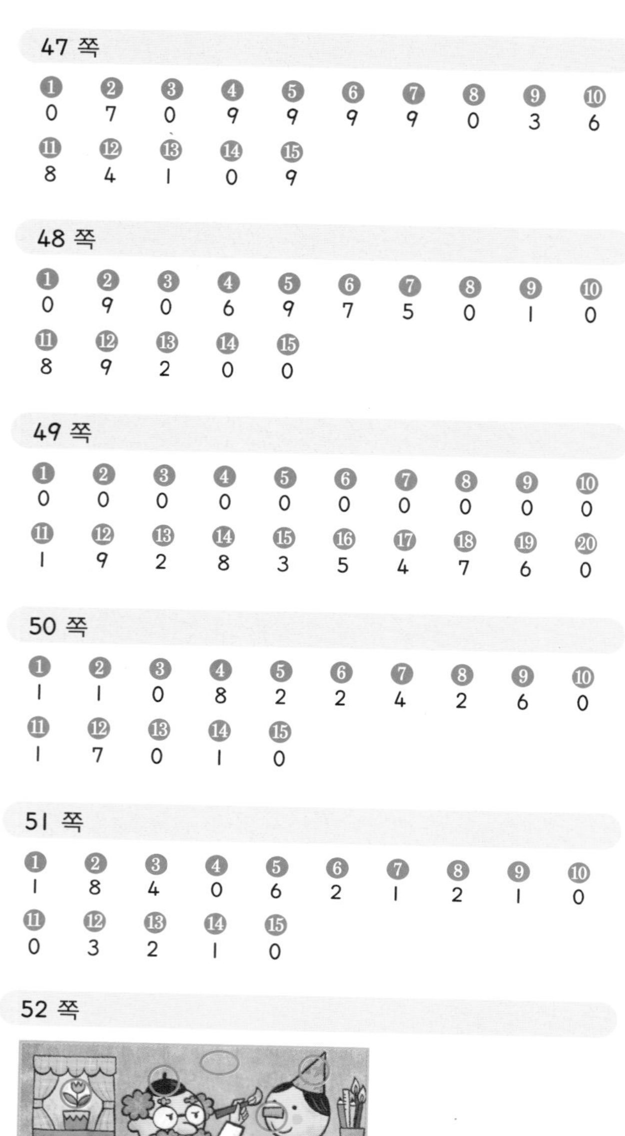

47 쪽

❶	❷	❸	❹	❺	❻	❼	❽	❾	❿
0	7	0	9	9	9	9	0	3	6
⓫	⓬	⓭	⓮	⓯					
8	4	1	0	9					

48 쪽

❶	❷	❸	❹	❺	❻	❼	❽	❾	❿
0	9	0	6	9	7	5	0	1	0
⓫	⓬	⓭	⓮	⓯					
8	9	2	0	0					

49 쪽

❶	❷	❸	❹	❺	❻	❼	❽	❾	❿
0	0	0	0	0	0	0	0	0	0
⓫	⓬	⓭	⓮	⓯	⓰	⓱	⓲	⓳	⓴
1	9	2	8	3	5	4	7	6	0

50 쪽

❶	❷	❸	❹	❺	❻	❼	❽	❾	❿
1	1	0	8	2	2	4	2	6	0
⓫	⓬	⓭	⓮	⓯					
1	7	0	1	0					

51 쪽

❶	❷	❸	❹	❺	❻	❼	❽	❾	❿
1	8	4	0	6	2	1	2	1	0
⓫	⓬	⓭	⓮	⓯					
0	3	2	1	0					

52 쪽

55 쪽

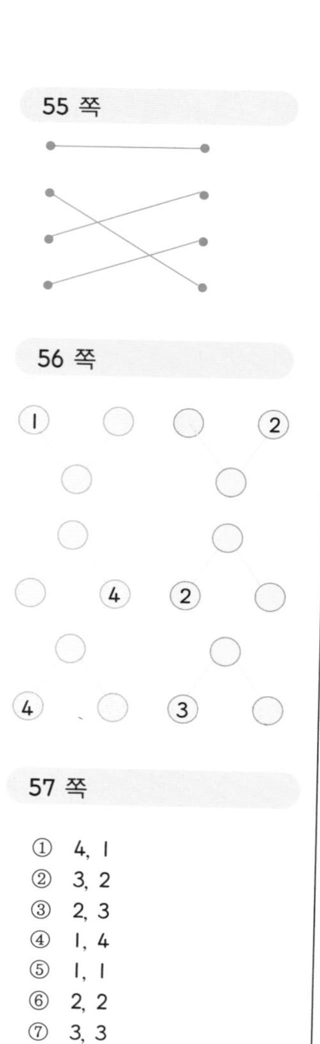

56 쪽

57 쪽

① 4, 1
② 3, 2
③ 2, 3
④ 1, 4
⑤ 1, 1
⑥ 2, 2
⑦ 3, 3
⑧ 4, 4

59 쪽

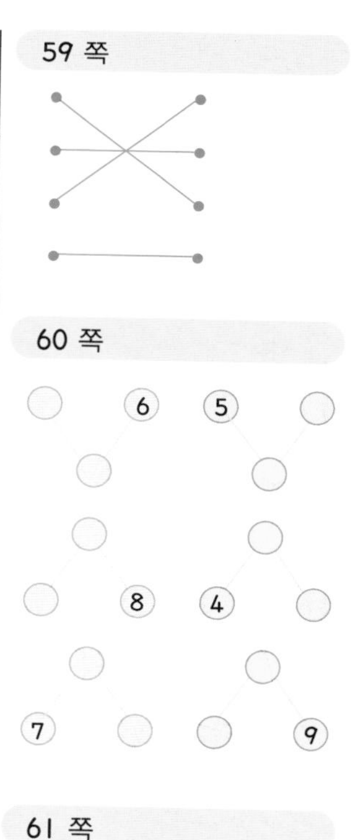

60 쪽

61 쪽

① 9, 1
② 8, 2
③ 7, 3
④ 6, 4
⑤ 5, 5
⑥ 4, 6
⑦ 3, 7
⑧ 2, 8